Envelhe© ser Rejuvenescendo
a revolução **Kairós** nas escolhas

Editora Appris Ltda.
1.ª Edição - Copyright© 2024 do autor
Direitos de Edição Reservados à Editora Appris Ltda.

Nenhuma parte desta obra poderá ser utilizada indevidamente, sem estar de acordo com a Lei nº 9.610/98. Se incorreções forem encontradas, serão de exclusiva responsabilidade de seus organizadores. Foi realizado o Depósito Legal na Fundação Biblioteca Nacional, de acordo com as Leis nos 10.994, de 14/12/2004, e 12.192, de 14/01/2010.

Catalogação na Fonte
Elaborado por: Josefina A. S. Guedes
Bibliotecária CRB 9/870

A353e 2024	Alcântara, Mamede de 　　Envelhe© ser rejuvenescendo: a revolução Kairós nas escolhas / Mamede de Alcântara. – 1. ed. – Curitiba: Appris, 2024. 　　90 p ; 21 cm. – (Geral). 　　ISBN 978-65-250-5787-3 　　1. Envelhecimento. 2. Juventude. 3. Sujeito (Filosofia). 4. Corpo e mente. I. Título. II. Série. 　　　　　　　　　　　　　　　　　　　　　　　CDD – 302.6

Appris
editora

Editora e Livraria Appris Ltda.
Av. Manoel Ribas, 2265 – Mercês
Curitiba/PR – CEP: 80810-002
Tel. (41) 3156 - 4731
www.editoraappris.com.br

Printed in Brazil
Impresso no Brasil

MAMEDE DE ALCÂNTARA

Envelhe© ser Rejuvenescendo
a revolução **Kairós** nas escolhas

FICHA TÉCNICA

EDITORIAL
Augusto Coelho
Sara C. de Andrade Coelho

COMITÊ EDITORIAL
Ana El Achkar (UNIVERSO/RJ)
Andréa Barbosa Gouveia (UFPR)
Conrado Moreira Mendes (PUC-MG)
Eliete Correia dos Santos (UEPB)
Fabiano Santos (UERJ/IESP)
Francinete Fernandes de Sousa (UEPB)
Francisco Carlos Duarte (PUCPR)
Francisco de Assis (Fiam-Faam, SP, Brasil)
Jacques de Lima Ferreira (UP)
Juliana Reichert Assunção Tonelli (UEL)
Maria Aparecida Barbosa (USP)
Maria Helena Zamora (PUC-Rio)
Maria Margarida de Andrade (Umack)
Marilda Aparecida Behrens (PUCPR)
Marli Caetano
Roque Ismael da Costa Güllich (UFFS)
Toni Reis (UFPR)
Valdomiro de Oliveira (UFPR)
Valério Brusamolin (IFPR)

SUPERVISOR DA PRODUÇÃO
Renata Cristina Lopes Miccelli

PRODUÇÃO EDITORIAL
William Rodrigues

REVISÃO
Katine Walmrath

DIAGRAMAÇÃO
Renata Cristina Lopes Miccelli

CAPA
Eneo Lage

REVISÃO DE PROVA
Raquel Fuchs

AGRADECIMENTOS

Foram muitas emoções que contribuíram e trabalharam para que o conteúdo deste livro fosse concebido. Entre elas, nas sessões de análise na casa de quatro décadas, guardadas em mim e muitas vezes presentificadas. O meu reconhecimento a todos da importância desses instantes.

Dedico aos amigos reconhecidos como "amizade estelar"; que não se esquece e ao nos cruzar fazemos festa.

Aos que desfrutei do conhecimento de suas árvores e muitos deles; é o que dizemos: "descansem em paz".

Dedico à minha profissão, a psicologia, pela consciência autônoma que ela me despertou e que está no conteúdo abordado.

À minha companheira, Cristina Alcântara, que de sua vida muito me inspirei na produção dos textos, bem como o agradecimento pela sua participação nas ilustrações, na avaliação para prefaciá-lo além de ajudar a corrigir e aperfeiçoar textos.

Aos filhos: André e Andréa, pela contribuição textual e principalmente pela fonte de emoções que eles são na minha vida.

PREFÁCIO

O transitório da finitude se divide em etapas distintas e cada uma delas é a terra nova a que se chega. Nesta obra, não se trata desta ou daquela etapa. Mas "como viver" em cada momento oportuno e a pôr as emoções para trabalharem a nosso favor. Distingue-se, portanto, das abordagens especializadas para velhos.

Na assistência à saúde, há o pediatra para a criança, assim como o especialista para a idade avançada. Contudo a dialética textual desenvolvida troca a emoção envelhecida; do olho desprovido, o que vê misérias, está pobre, pelo tesouro que pode ser descoberto bem ali na frente e que ainda não havia sido percebido.

Problemas não ignoram a jornada da vida em qualquer etapa do caminho. E as respostas as quais são perspectivas que se distinguem. Quem é septuagenário animado e quem aos 20 anos está cansado. Quando com distúrbio fóbico, mente para si mesmo: se pegar o avião ele vai cair. A maioria, sem ânimo, vê a vida passar. Quem está animado, com coragem se arrisca: "vive". Dispõe da consciência de que, se deixar de viver, desperdiça a felicidade e a vida. E esse é o maior risco.

Envelhecer não se confunde com adoecer. Porém, é o desconhecido à frente com exercício mental e físico necessários e essa é a jornada do ser existencial que aprecia o crepúsculo, antes de cada pôr de sol, e este, o sol, no amanhecer é um novo dia.

O diamante é burilado pelo reconhecimento de sua essência valorosa. O ser, ao reconhecer seus dias de vida como diamantes preciosos, inobstante, a conclusão de que a vida é um exercício para morrer; como viver é o "exercício diamante" escolhido. Desse modo, afirmamos a validade do tema que o autor soube como abordar em pouquíssimos textos. Neste ofício abraçado para sua análise e prefácio, por fim, ele se fez uma empreita diletante; com significado, tanto de amantes da literatura que somos quanto da arte. Pois uma vez que coincide de também ilustrar os textos com a minha imagem fora da bandeja. Da coragem de me deixar fotografar nua em etapas distintas. Sem me sentir a mulher balzaquiana, na meia-idade nem depois dela. E esse é o tema estudado na revolução das escolhas.

Cristina Michels de Alcântara

Psicóloga

SUMÁRIO

Introdução...13

1
A consciência que sabe do importante que está invisível 16

2
Chronos e Kairós, a revolução nas escolhas 19

3
A vida, suas puxadas de tapete,
que suas emoções são o seu tesouro descoberto 21

4
Quando a ponte – conexão – é castrada no cérebro
e no coração 23

5
Quando Romeu e Julieta resistem e não morrem,
mas viram fantasmas 25

6
O que está escrito nas estrelas 27

7
Contramão da história difícil de perceber e fazer o retorno 29

8
O cérebro desnecessário não se protagoniza 31

9
Jovem, meia-idade e idoso 33

10
O barco que não sai da lagoa 36

11
Um caminho para o orgasmo 38

12
O saquinho de diamantes ou pão e circo 40

13
A privação de identidade –
escassez a quem não merece 42

14
Gratidão a si mesmo quando é sua resposta.......................... 45

15
Vire o casco quando não lhe cabe. Ele já está trincado 47

16
A carícia essencial declarada numa carta 49

17
Perspectivas 51

18
Três Corações e três corações com iniciais minúsculas 53

19
"Consciliência" da coisa à toa 56

20
Não só como viver, mas como morrer, nas próprias mãos 59

21
O vírus cavalo de Troia 61

22
O rei, Picasso e a mulher dando lances 63

23
O botão da rosa interditado... 65

24
A par (consciente) do nocivo e o que beneficia 68

25
O mundo do "Aliviado Soulagé Melancia
e o da Olívia Palito" 70

26
Corre perigo se deixa o barco à deriva, viver requer o
exercício de remá-lo 72

27
Como vive, como se cuida: sem tabu sexual vive
ainda mais e melhor... 74

28
Pôr emoções e o cérebro para trabalharem para nós.......... 77

29
A coragem de exercer a consciência autônoma..................... 80

30
Conclusões finais 86

Referências 88

INTRODUÇÃO

"Como envelhecer" faz a distinção de envelhecer. "Como"; é a forma, não a fôrma, não há bandeja. As emoções fluem, não são estáticas, no transitório da finitude, e a remar o barco ao nosso favor, essa é uma perspectiva atenta aos momentos oportunos e que embasou o título; *Envelhe© ser — Rejuvenescendo: a revolução Kairós nas escolhas.*

Kairós; etimologia do grego que significa o momento oportuno, no tempo, em vez deste medido pelo relógio. O momento no holofote operacionaliza a consciência, não como órgão do sentido que se atenta, mas que envolve conjunto de propriedades mentais adquiridas, de modo que sabe o que está invisível, num instante, mas depois de investigado é o tesouro que estava enterrado, descoberto.

A dialética textual, liberdade do conteúdo emotivo; através do verso, poema sucinto, ficção, lenda ou mito, sátira, metáfora, do fato psicológico, mas a se comprometer com a verdade e a corroborar a ciência. Distingue-se da retórica que acumula mentiras para o convencimento.

Com a ciência na mão e em que circunstâncias, não. Mas com ela embasa diagnósticos sem se limitar à doença instalada. A coleta de sinais abrange o que amansa, doma, interdita, castra o "ser" de si mesmo, pela toxicidade nociva, de modo que se torne obscurecido de si mesmo. Quando a ficha cai pelo agouro que se cumpriu ao não haver sido fiel a si mesmo; sem a autoria da própria vida, descobre o tesouro enterrado, só agora descoberto.

Levantamos com um dia a menos na contagem do tempo à frente. Com emoções que trabalham a nosso favor escolhemos o belo do crepúsculo de cada um deles. Embora não incólume, são e salvo das ciladas; tendo em vista que somos amansados sem trégua e quem nos doma, assim como amansadores de animais, com esporas e mãos sobre rédeas.

O mundo é escasso de sábios e a parte que diz ser; tem pontos cegos. Como cego que o que apalpa, descomprometido com a verdade, cria o ilusionismo de uma mentira preferida e a divulga como verdade. E torna-se um estratagema, como no "conto do vigário"; expressão usada em Portugal e no Brasil — que é a representação de outro —, não de si mesmo. O vigário deu nome à expressão, mas não é o bode expiatório; uma vez que a cilada está em cada ambiente. Parte deste; educa e ensina com mãos de professor de piano, no que se preparou e sabe. A quase totalidade castra com rolo compressor, mãos patas de elefante; que é a família que doma, da infância à pré-adolescência. Mais grave é quando traumatiza. Trauma, como o que é provocado por sequências de queimaduras pelo sol quando criança; as células são renovadas. Sem imunidade da memória do trauma que é passada de geração a outra e predispõe ao câncer de pele lá na frente. O trauma da alma, é bichado, característica de quem carrega problemas; é a etimologia (origem da palavra bichado).

O que é diagnosticado distúrbio, como o fóbico que formula um subtipo de acumulador de mentiras para si mesmo, como uma sombra que o faz ver perigo em pegar um elevador, um avião, guiar o próprio automóvel. Sem distúrbio; há quem já na meia-idade não sai sem guarda-chuva debaixo do braço sem nenhum sinal de chuva.

O "medo de ser feliz" é alusão feita no cotidiano que corrobora a máscara emocional que: para a aprovação, desiste da autenticidade amorosa, como as de quando a vida era o botão da rosa desabrochando. Para sobreviver, a alma abandona-se, mata suas emoções, se entrega ao ditador. Essa é uma característica peculiar sociocultural negativa.

Nesta obra, ora introduzida, seu tamanho textual é nanico, mas em sua provocação de faíscas quem é atingido faz sua repercussão se agigantar, quando descobre haver sido roubado de si, da sua própria essência. Ao mudar os ângulos de visão, passa a ser a sua resposta, que é a revolução Kairós, nas escolhas em cada momento oportuno faz o retorno do que estiver na contramão.

Não são nichos a que se deve atentar e organizar, mas sim mudar ângulos de percepção, até do que ainda está invisível, como um tesouro enterrado nalgum lugar do coração. E o intui, rema o barco à procura do amor e da felicidade.

Respire fundo: que o coração bata muito forte se preciso for, mas siga para viver. Nunca pare de remar.

Insensato é não viver em nome da paz, se o coração desassossega: sem paz.

"Descanse em paz", não vamos ouvir, mas vão nos dizer.

Remar é o exercício para viver; parar, o agouro do naufrágio do barco à deriva.

Abandona-se a si mesmo sem ao menos pensar de que foi amansado. O resgate de si mesmo é o tesouro descoberto se ainda vivo.

1

A CONSCIÊNCIA
QUE SABE DO IMPORTANTE
QUE ESTÁ INVISÍVEL

A consciência envolve uma conjunção de perspectivas. Tendo em vista que examina e avalia continuamente, mas sabe que há o que é importante e ainda está invisível, antes de deliberar, investiga. Ratey, John J. *O cérebro: um guia para o usuário. Como aumentar a saúde, agilidade e longevidade de nossos cérebros através das mais recentes descobertas científicas*, Rio de Janeiro, Editora Objetiva, 2002 (p. 158). Assim ele define a consciência: "ela consiste numa atividade contínua. Tornamo-nos conscientes de algo quando decidimos prestar atenção a algo de que já nos estamos ocupando".

Ele aponta como ilógica a propensão de definir a consciência como se fosse um órgão do sentido, com o qual delibera de imediato sem avaliar se há o importante que está invisível, antes de investigado, mas pode ser o tesouro enterrado.

Somos um processo complexo se formando, depois que nasce, tanto pelo crescimento físico quanto a evolução mental. O corpo de onde se originam as emoções transforma-se em outro, sobrepõe-se de novas propriedades mentais adquiridas. As quais, pela medida em que se tornarem impróprias e contaminarem a consciência, pela castração da autenticidade do desejo fazem com que se passe a usar máscaras; disfarces, o que mais tem vontade;

nega; o desempenho da consciência está distorcido. Se já está a caminho do que mais deseja, só imagina perigo, como no trânsito sem usar a potência do veículo que conduz. No sexo, atravanca-se pela moralidade que acusa o orgasmo de imoralidade, sem prova de que é. E uma lenda, a moral do elefante, constante de outra obra nossa, ela é pedagógica para fazer entender.

Alcântara, Mamede de. *Outra forma de amor: "Cachorro Gato", membros da família multiespécie*, São Paulo, editora Labrador, 2023 (p. 15). A adaptação textual da lenda: a moral do elefante, que havia sete sábios os quais tinham algo em comum: eram cegos e davam conselhos a quem os procurava. Porém, certo dia, após um debate estressante sobre a verdade, a começar pela ilusão de que, ao serem cegos, no mecanismo de compensação, eram forçados a ouvir mais, expõe o sétimo sábio; pelo jogo de quem é dono da verdade, ele disse: "cansei disso", e decidiu ir para uma caverna nas montanhas.

Chega à cidade um comerciante montado em um belo elefante africano. Pela novidade do acontecimento, todos os moradores da cidade saíram na rua para apreciar o animal, e os sábios cegos rodearam-no, com suas deficiências visuais, precisaram apalpá-lo.

Disse o primeiro sábio ao tocar a barriga do elefante que era parecido com uma parede. O segundo sábio tocou suas presas e corrigiu o primeiro: "É parecido com uma lança". O terceiro sábio tocou e segurou a tromba, disse que era parecido com uma cobra. O quarto sábio acariciou o joelho do animal e disse: "É parecido com uma árvore". O quinto sábio, ao apalpar as orelhas do elefante, falou que era parecido com um leque. O sexto, já irritado, disse: "Vocês todos estão errados! Ele se parece com uma corda", tocando a cauda do animal [...].

Fez-se o momento oportuno quando desce das montanhas o sétimo sábio guiado por uma criança e revoluciona seu ângulo de visão. Pediu ao menino para desenhar no chão a figura do elefante. Ao tatear os contornos do desenho, percebeu que todos os sábios estavam "certos" e "iludidos" ao mesmo tempo. Mas pegam apenas uma parte e acham que é o todo.

Saint-Exupéry, Antoine de. *O pequeno príncipe* (19ª edição), Rio de Janeiro, Livraria Agir Editora, 1977 (p. 79). O que torna belo o deserto, disse o principezinho, é que ele esconde um poço nalgum lugar... [...]. *Idem* (p. 79): "Quando eu era pequeno, habitava uma casa antiga, e diziam as lendas que ali fora enterrado um tesouro. [...]. Mas ele encantava a casa toda. Minha casa escondia um tesouro no fundo do coração...".

E esse foi o encanto do pequeno príncipe, *idem* (p. 79): "— Quer se trate da casa, das estrelas ou do deserto, disse eu ao principezinho, o que faz a sua beleza é invisível!".

A consciência operacionalizada do nosso pôr de sol; bem como a de se o vir como o encanto de cada momento que se despede, não há que esperar para apreciar seu crepúsculo. Quem sabe, faz a hora do seu momento oportuno. Há o caminho das pedras, mas a procurar pelas rosas. E que é pôr o cérebro e as emoções para trabalharem a nosso favor.

O caminho das pedras é o transitório da finitude, mas há na revolução das escolhas o exercício para viver vendo o botão da rosa de cada terra nova a que se chega, desabrochar, apreciar a sua formosura e o seu perfume.

2

Chronos e Kairós, a revolução nas escolhas

"Chronos" é o viajante do tempo subordinado ao relógio, "Kairós" é a qualidade, palavra de origem grega que significa "**momento certo**" ou "oportuno", uma antiga noção que os gregos tinham do **tempo como momento oportuno único**.

Kairós era filho de Chronos, o deus do tempo e das estações, e que, ao contrário de seu pai, expressava uma ideia considerada metafórica do tempo, não linear, uma vez que não se pode determinar ou medir uma oportunidade.

O tempo que não volta mais; como o bebê ao amamentar e apreciar o preto e o branco dos olhos da mãe. Se menino, essas cores se tornam viscerais, na lingerie da mulher.

Nesse tempo de construção da alma anterior à consciência heterônoma de obediência às regras, e muito menos da consciência autônoma, que sabe do momento oportuno para a tomada de decisões, o bebê, pela primeira vez, sem ao menos pensar, treina seu cérebro para fazer a distinção de cores do seu universo ainda único, de acordo com o raio de alcance da sua visão (em torno de 30 centímetros). Uma incógnita sem ter de pensar que busca entender. *A lingerie*: vermelho, preto e branco não sai do catálogo e a explicação: porque traz a memória desse tempo visceral, sem censura e a acender faísca dos desejos. O vermelho é alma gêmea da cor do sangue.

A *lingerie* vermelha, na mulher, não se associa ao sinal vermelho de trânsito interditado para veículos, sobre a ordem cronometrada. Ele seria um sinal verde; está livre fantasiar, desejar e Kairós; o momento oportuno pela consciência autônoma de apreciá-lo. O indivíduo, quando fixado, prisioneiro, sem consciência, mas subserviente de um realismo moral que lhe é incutido, para amansá-lo, domá-lo, assim como um amansador de animais com as rédeas sobre mãos e sua espora afiada. E assim fatos psicológicos; o conto do vigário, expressão usada em Portugal e no Brasil — que é a representação de outro —, não de si mesmo. O vigário deu nome à expressão, mas não é o bode expiatório; pois uma vez que a cilada está em cada ambiente, em sua quase totalidade castra com rolo compressor, mãos patas de elefante; que é a família que doma, da infância à pré-adolescência. São os fabricantes de culpados com filhos subservientes às suas autoridades malignas, pela medida que nocivas e provocam traumas.

Desse modo, a maioria das mulheres oriundas desse ambiente castrador tem o agouro da versão feminina de Sísifo; varre e limpa o chão da casa todos os dias; sem necessidade, mas não se motiva ao uso de *lingerie*. Muitas vezes um sobrenome e sua árvore genealógica, não só desperdiça cada momento Kairós de usar *lingerie*, bem como não dispõe de conexão com seu orgasmo, de saber o que acontece com seu corpo, tendo em vista que o amor natural foi-lhe incutido como imoralidade. É a moralidade fodendo com o mundo.

Para quem não conhece o seu orgasmo e o descobre ele era um tesouro de diamantes enterrado no próprio corpo, e agora está pronta para ter amantes, em seus momentos oportunos.

3

A VIDA, SUAS PUXADAS DE TAPETE, QUE SUAS EMOÇÕES SÃO O SEU TESOURO DESCOBERTO

A cara exuberante da juventude torna-se a terra velha deixada para trás, mas o ser, como sujeito que não envelhece, é a nova cara, em cada terra nova a que se chega. Inobstante nessa troca de roupa, não receba com flores, a desbotada, que estala com rugas e pés de galinha. Contudo é a naturalidade sem significado de puxada de tapete. Essa é a armadilha do jogo sociocultural, da imagem, e sua toxicidade predispõe a distúrbios como a depressão diante do espelho, mesmo numa faixa etária jovem, como uma modelo de estética física que aos 30 anos, quando se sente a carta fora do baralho do jogo mercadológico da imagem, suas emoções são afetadas pela adjetivação negativa. E ela precisa aprender a pôr seu cérebro e suas emoções para trabalharem a seu favor.

A puxada de tapete da vida, que é real, como a de um menino que teve uma de suas pernas amputada. Exemplo, na coleta de dados feita, de quando emoções não interditam desejos. O menino sem uma perna realiza seu desejo de ser dançarino e ainda mais no circo de Soleil. Cirque du Soleil (em português, *Circo do Sol*), é uma companhia multinacional de entretenimento sediada na cidade de Montreal, Canadá. Fundada em junho de 1984, na cidade de Baie--Saint-Paulo, pelos artistas de rua Guy Laliberté e Gilles Ste-Croix, nos dias atuais a maior companhia circense do mundo. Atualmente, ele é dirigido por Guy Laliberté, proprietário de 95% do patrimônio da companhia e presente na lista de bilionários da revista *Forbes*. Cada espetáculo do *Cirque du Soleil* é a síntese da inovação do circo, contando com enredo, cenário e vestuário próprios, bem como música ao vivo durante as apresentações.

A descoberta

Pelo que tinha

Realizei meus desejos

Ainda mais: "**eu me amei**"

Vi-me pelo melhor ângulo

Quando me protagonizei

O melhor ângulo de se ver é declaração de amor a si mesmo. Pois informa ao cérebro como pôr tapete vermelho no caminho até seus desejos.

O tapete vermelho do dançarino do Soleil, no programa de TV; "Domingão do Faustão", Rede Globo. Não me lembro em que data nem o nome do dançarino, mas não é a coleta de dados históricos que objetiva. A demonstração quando as emoções são amigas, corrobora o dançarino, quando inquirido sobre sua superação e ele responde: "com o que eu tinha. A nossa casa na França era pequena e a família grande, sem espaço para cadeira de rodas; a muleta foi a minha companheira". Desse relato conclui-se: o tesouro descoberto no seu cérebro fez o veículo usado com potência, de modo que seu desejo fez o caminho.

4

QUANDO A PONTE — CONEXÃO — É CASTRADA NO CÉREBRO E NO CORAÇÃO

A castração obscurece conexões. O desejo de ajudar a si mesmo em sua dificuldade ou a outros é civilidade da alma.

Idem Alcântara (p. 9); nas palavras da antropóloga Margaret Mead (1901-1978): ajudar alguém durante a dificuldade é onde a civilização começa e, para Mead, "o sinal de civilidade em uma cultura — em vez de anzóis, panelas de barro ou pedra de amolar — era um fêmur (osso da coxa) quebrado e cicatrizado [...]". Seu embasamento é consistente, pelo argumento da cicatrização do osso quebrado demandar tempo e faz a prova da proteção recebida.

Ajudar alguém pela sensibilidade do coração; oferece seu lugar no transporte coletivo a quem de pé e sem força física, chama o médico numa emergência, se o conduz ao hospital e o trânsito livre, fura o sinal, decide pelo que é mais importante naquela circunstância. Com filhas pré-adolescentes, no desabrochar da sexualidade, com pais que se constrangem de abordar a respeito ou são incapazes, procure ajuda para elas libertando-se da consciência heterônoma; subserviente às regras, mas vazia de civilidade. De sensibilidade esvaziada, usa de rolo compressor para pôr fim nas primeiras faíscas amorosas das filhas e o cérebro destas entender: melhor a cinza do que a chama. Bicha a sua alma.

Reich, Wilhelm. A função do orgasmo, 15ª edição, Editora Brasiliense, São Paulo, 1975 (p. 199): *"A repressão sexual é de origem econômico-social e não biológica"*.

Idem; que sua função é antes assentar o fundamento para uma cultura patriarcal e autoritária para a escravidão econômica, do que para educar, como a filha virgem para um homem que a tirará de sua casa, como um automóvel; zero rodado ou sem uso. Na sexualidade, na pré-adolescência, como o botão da rosa desabrochando, em vez de: "eu te entendo", "eu te amanso", cria o fardo dos problemas que sua alma irá carregar vida afora.

Há mulheres que, depois do sexo extraconjugal sem haver desenvolvido sua consciência autônoma; de haver decidido de acordo com seu desejo e momento oportuno e pela culpa da insubordinação sociocultural, engordam, atravancam sua atração física, sem ao menos pensar, no jogo de xadrez emocional, na sua faceta oculta. A emoção origina-se do instinto e a ideia da moralidade o afeta, ao haver dado vazão à imoralidade. Não mais atrativa, o corpo da mulher que engorda para se proteger torna-se um casco para se esconder.

Autocivilidade

"Eu te entendo": disse-me eu

Saí do meu casco

Sem nada: Nua

Levando tudo

Eu

Só sua

5

QUANDO ROMEU E JULIETA RESISTEM E NÃO MORREM, MAS VIRAM FANTASMAS

A dor fantasma do dedo que se mexe e coça do membro amputado se dá na casa de 8 em cada 10 vítimas. É o corpo, no distúrbio, na contação de mentiras, uma vez que não há mais o membro amputado.

O distúrbio afeta a lógica e sua fonte são as emoções. Quando interditadas, mas não esquecidas, são como Romeu e Julieta que resistem. São os fantasmas fiéis às emoções abortadas, criam uma resiliência que torce, enverga, mas não quebra. E a coincidência: nas voltas que a vida dá, no deserto, se reencontram e, nesse mesmo deserto, encontram um poço onde se despem, tomam banho, fazem amor extraconjugal.

"Ser" que não mais cede

Dei vazão à sede

Libertei os desejos

A coragem superou o que fazia ceder

Amores pré-adolescentes, interditados, quando indomados no desejo, estarão escritos nas estrelas. Ao se reencontrarem, depois de muitas décadas, além de fazerem festa e as faíscas se acenderem, mesmo casados vão para o motel, e fazem amor como se ainda fossem jovens. Corpos em declínio, vista fraca, o tesão está robusto, faz do encontro um motel estelar.

Ratey, *idem* (p. 14): "quando as emoções predominam, baseia-se em analogia, não em cálculo". *Idem*, o cérebro, "como um conjunto de músculos, ele responde ao uso e à falta de uso".

No entanto, o membro amputado sem uso responde como se usado fosse; embora, ao pôr as mãos sobre o coto, dê-se o adeus. No amor, o que se escreve nas estrelas não diz adeus.

Emoções congeladas em algum lugar, saídas do congelador, pelo abraço, beijo, sexo, sem perder o momento oportuno, dispõem de suas perspectivas, de suas características peculiares. Tendo em vista que, sem importar o tempo medido no relógio, ao fazer amor com ex-amores, desenterra-se o tempo mágico, com ele se sentem jovens, pelas emoções guardadas no tempo. Esse é o tesouro desenterrado; o reencontro.

6

O QUE ESTÁ ESCRITO NAS ESTRELAS

Friedrich Nietzsche. **A gaia ciência**. *Martin Claret,
São Paulo, 2006 (p. 279):*

Amizade estelar:

"Éramos amigos e agora somos estranhos um ao outro. Mas não importa que assim o seja: não procuramos escondê-lo ou calá-lo como se isso nos desse razão para nos envergonhar".

Distingue:

"Somos dois navios cada um dos quais com o seu objetivo e a sua rota particular; podemos cruzar-nos, talvez e celebrar juntos uma festa, como já o fizemos" [...]. De que estavam debaixo do mesmo sol, no mesmo porto e haviam alcançado o objetivo. Todavia não, pois "a onipotência das nossas tarefas separou-nos em seguida, empurrados para mares diferentes, debaixo de outros sóis — e talvez nunca mais nos voltemos a ver: mares diferentes, sóis diversos nos mudaram!" [...]. Salienta o autor: "Era preciso que nos tornássemos estranhos um ao outro: era a lei que pesava entre nós; é exatamente por isso que nos devemos mais respeito". Para que a ideia da antiga amizade se tornasse mais sagrada, haveria provavelmente uma formidável trajetória, uma pista invisível, uma orbita estelar, sobre a qual os seus caminhos e seus objetivos diferentes estariam inscritos como pequenas etapas, possíveis de elevar até esse pensamento.

Nós não nos separamos de nós mesmos, quando guardamos os nossos tesouros emocionais, desse modo reencontramos a nós mesmos, quando éramos jovens, ao reencontrar aqueles com quem dividimos emoções naquele tempo ainda jovem. Há uma história guardada, tão rara quanto preciosa, pela medida que peculiar; só nossa, como diamantes que tiram de um cofre mágico, guardado nas estrelas, pelo reencontro eles caem lá de cima.

O tesouro desconhecido: era feliz e não sabia.

O namoro, como numa prova de multiescolha que abandona um raciocínio, vai para outro, muda de ideia, retorna ao que estava bem-sucedido. Assim, muitas vezes, volta e diz: a pessoa certa é você. Assim como alguém que desistiu do seu emprego para ter outro. No tempo em que esteve fora, fez novas aquisições que o tornaram ainda mais capacitado. Nas voltas da vida, descobre que o antigo trabalho foi um tesouro não avaliado. É recebido de braços abertos pela proposta de retorno; sem favor nenhum, mas pela prova de que um era importante para o outro. E a festa; por cada manifestação; "que bom ter você de volta" se distingue da de quem chega sem haver emoções guardadas.

Somos arranha-céus erguidos, sobrepondo moradias mentais sobre moradias e o quanto mais nelas pusermos emoções com status de estrelas, mais nos arranharemos às estrelas.

7

CONTRAMÃO DA HISTÓRIA DIFÍCIL DE PERCEBER E FAZER O RETORNO

A distorção da naturalidade foi um equívoco cometido pelas sociedades primitivas, e ainda mais grave, pela medida que pegou a contramão e a achar que é o caminho certo.

A imoralidade do pecado original sublimou o significado de imaculada e a produzir a virgindade sexual até o dia do casamento; mas não se protegeu de versão mercadológica, de produto sem uso que se adquire e pede certificação. Ainda no começo do nosso trabalho de psicólogo, já nos anos 1980, ouvimos de colega de profissão, sem escuta analítica, que na sua lua de mel o marido — que era médico — usou de instrumento com luz para certificar-se da sua virgindade. Depois, no atendimento, no começo do atual século, uma paciente relata haver sido conduzida à maternidade para o parto emergencial e enquanto se recuperava o sogro andava pelo quarto a dizer: "como vai ficar a cara do meu filho!", denotando que outro homem havia tocado na vagina de sua nora.

O pressuposto filosófico é um contraponto do pecado original, de como tudo começou. Alcântara, Mamede de. *Renascer: um processo de amor*, São Paulo, Editora Gente, 1993 (p. 119). Em seu ensaio sobre a origem das línguas, o filósofo Jean-Jacques Rousseau assim se expressa:

Com as primeiras vozes formaram-se as primeiras articulações (gestos) ou os primeiros sons, segundo o gênero das paixões que ditavam estes ou aquelas (sons e vozes). A cólera arranca gritos ameaçadores, que a língua e o palato articulam. Porém, a voz da ternura, mais doce, são as cordas vocais que modificam... com as sílabas, nascem a cadência e os sons: a paixão faz falarem todos os órgãos e dá a voz todo o seu brilho.

O idioma é propriedade mental adquirida. Acervo passado às gerações sucessivas, mas não se deu por programa biológico. O sexo, sua naturalidade, da fecundação e do parto, são temas levantados, até mesmo da fecundação através de extraterrestres, sem relação sexual. O fato psicológico integra a produção mental, assim como a consciência formada para o próprio corpo em seus órgãos vergonhosos, em que fatos psicológicos produzidos os atribuem como imoralidade. Esse erro foi gravíssimo tendo em vista que obstaculiza o uso do próprio cérebro, tornando-o o combustível desnecessário, porém, é onde planta a árvore do conhecimento que faz mover a evolução do mundo.

8

O CÉREBRO DESNECESSÁRIO NÃO SE PROTAGONIZA

Ratey *idem* (p. 160): "As áreas do cérebro que não são usadas são vistas como um desperdício de combustível, desnecessárias à sobrevivência".

https://g1.globo.com/ceara/noticia/2012/03/casal-teve-38-filhos-e-batizou-19-deles-no-mesmo-dia-em-ubajara-ce.html: "Aos 66 anos, o mestre de obras aposentado Francisco Ricardo de Souza teve exatamente 38 filhos com a companheira com quem vive há 38 anos, Raimunda de Assis Coelho". Ele fez o parto de todos os filhos, que foram salvos ou foram a óbito. Segundo essa fonte jornalística citada sobre o casal mencionado, dos 38 filhos, 19 morreram. A diferença de idade da filha viva mais velha em relação ao mais novo é de 24 anos. A família mora em Ubajara, a 312 km de Fortaleza. O batizado de todos os filhos e netos se deu no mesmo dia, em 2009, na igreja católica.

O que fizeram com meu cérebro?
Me passaram a conversa
Fizeram meu cérebro desnecessário
Essa foi a peça
A fala

Detrás do homem há uma mulher

Acéfala

As sociedades primitivas distinguiram papéis sociais, o que é apropriado ao sexo masculino, não ao feminino. Na atualidade, o catolicismo ainda é uma representação do sexo masculino. Na família, a mulher é a rainha do lar, e o cérebro do homem é mais apropriado para a produção de renda, resolução de impasses.

Antes da Segunda Guerra Mundial (1939-1945), a mulher era o cérebro desnecessário para a geração de renda e mando no mundo. Com a perda em massa de vidas masculinas, na guerra, abre vaga para a mulher protagonizar-se.

Afeta a autonomia da consciência do ser, quando ele é subserviente às rédeas, assim como o cavalo ao carroceiro, se limitando a puxar a carroça. A visão com adjetivações positiva e negativa, pelo sexo, cor da pele, classe social, faixas etárias, produziu um padrão automático. Que idade você tem? Destaque-a no "Facebook", se não puser descumpre regra.

9

JOVEM, MEIA-IDADE E IDOSO

Um estudo realizado pela Universidade de Kent e o Conselho de Pesquisa Econômica e Social da Grã-Bretanha, fonte revista Veja (Abril), março de 2010 (https://veja.abril.com.br/tecnologia/meia-idade-comeca-aos-35-e-termina-aos-58-diz-estudo/): "os 23 anos entre as duas etapas da vida equivalem ao que os especialistas chamam de meia-idade e chega como uma surpresa para quem já passou dessa fase, mas ainda não se considera um idoso".

Na conclusão do estudo, aos 35 anos, pelo relógio do tempo, a juventude expira, sucedida pela meia-idade, que expira aos 58 anos, quando inicia a terceira idade. O ponto de vista decidiu quem é jovem, maduro e velho, se deu com os entrevistadores a perguntarem para os participantes: "Quando a juventude termina e quando a terceira idade começa? Para os britânicos, a meia-idade tem seu início aos 35 e termina aos 58". Entretanto o estudo também mostrou opiniões diferentes quando os voluntários eram mais jovens. "Para o público entre 15 e 24 anos, a meia-idade começa aos 28 e termina aos 54".

O grupo pesquisado na faixa dos 80 anos, afirmou que a juventude termina aos 42 anos e a terceira idade só começa aos 67. Ao abranger outros países, distingue divergência sobre quando começa ou termina cada etapa da vida. Para os portugueses, a juventude termina aos 29, no Chipre a média é 45. No continente português, a terceira idade começa aos 51. Na Bélgica, em torno dos 64.

A ciência de coleta de dados, da opinião, desde envelhecer, saber envelhecer, vem de muito longe. Cícero, Marco Túlio (103-43 a.C.): *Saber envelhecer seguido de amizade*, São Paulo, Coleção L&PM Pocket, vol. 63 (p. 14-15): "O que reprovam à velhice? [...] vejo quatro razões possíveis para acharem a velhice detestável.

1) Ela nos afasta da vida ativa.

2) Ela enfraquece nosso corpo.

3) Ela nos privaria dos melhores prazeres.

4) Ela nos aproxima da morte".

O estudo da pirâmide etária brasileira, do IBGE, demonstrou que no espaço de tempo entre os anos de 2012 e 2021 (https://educa.ibge.gov.br/jovens/conheca-o-brasil/populacao/18318-pira-mide-etaria.html) cada vez mais que sobe para o topo piramidal os que eram mais velhos superam os que eram mais jovens.

Residentes no Brasil:

Em 2012, com menos de 30 anos, eram 49,9%. Em 2021, caiu para 43,9%.

Acima de 30 anos, em 2012: atingiu 50,1%. Em 2021, subiu para 56,1%.

Os grupos de **14 a 17 anos de idade** passou de **7,1% para 5,8%**.

Os grupos de **18 a 19 anos, 20 a 24 anos e de 25 a 29 anos de idade** correspondiam, respectivamente, a **2,9%, 8,0%** e **8,0%** da população residente em 2021. Nesse ano, os grupos de 30 a 39 anos correspondiam a 16,1% da população residente. Já os grupos de 40 a 49 anos, 14,0%; de 50 a 59 anos, 11,4%; e havia 14,7% de indivíduos acima de 60 anos e 10,26% acima de 65 anos de idade.

Quanto aos sexos, "nos grupos de idade de 0 a 4 anos e de 5 a 9 anos há uma proporção, respectivamente, de 104,8 e 104,7 homens para cada 100 mulheres nesses grupos".

Nós explicamos um pouco mais: ainda crianças, até os 9 anos, há mais meninos do que meninas. Contudo, começa a inversão, mais mulheres do que homens, a partir dos 30 anos de idade; 29,5% e 26,6%, respectivamente. A partir dos 60 anos, cada grupo de 100 mulheres para a casa de 78,8 homens.

Homens mais velhos e menos disponíveis, e ainda mais se com poder aquisitivo acumulado, afetam a paridade de armas, das escolhas amorosas.

10

O BARCO QUE NÃO SAI DA LAGOA

As convenções formam a lagoa

A imaginação é o oceano

Quem não imagina de medo está afogado

A lagoa é alegoria do espaço de manobra curto e de fácil controle das convenções.

Stevens, John O. *Tornar-se presente: experimentos de crescimento em gestalt-terapia*, 2.ª ed. (tradução brasileira), São Paulo, Summus, 1977 (p. 82): "Propõe a vivência, na troca do sexo (se você é homem, torne-se mulher, se você é mulher, torne-se homem. Quais são as diferenças em seu corpo? Presentifique este novo corpo, particularmente as partes que mudaram". Porém, ele deixa claro: "Se você não quiser fazer isto, está bem". Mas que só fazendo o exercício mental poderá ter alguma ideia daquilo que está evitando ao recusar-se a participar dessa inversão.

O exercício mental salva vidas confusas, como no caso que presentifica o suicídio, antes de pôr fim a si mesmo. Quando o suicida se vir estatelado no chão, morto, cumulado das afeições de pai, mãe, irmãos, amigos, amores, nesse teatro psicodramático protagonizado, uma faísca acende: "Epa! Não quero morrer!". Levanta-se e diz quero viver. Faísca mental que salva uma vida disposta a pôr fim a si mesma, provocar essa faísca agiganta o valor da circunstância que a provoca.

O que é afogado com as próprias mãos: um momento, período de vida, como em um oceano e, quando a cabeça vem à superfície, quem deveria ajudar com as mãos a faz afundar. Muitas vezes isso se dá por uma insincera e falsa polidez da pseudossocialidade. O enredo da comédia e tragédia grego, esmerado na arte que finge ser o que não é.

Lower, Alexander. *O corpo traído*, São Paulo, Summus, 1979 (p. 129): "A mulher sexualmente 'sofisticada' fracassa em se realizar plenamente como mulher". Por trás está a construção do seu ego com moralismo. O ego do moralista pensa em realização, o corpo em prazer. A ilusão do ego contradiz a condição corporal.

No exercício sugerido por Stevens: a mulher se imagina imoral; transa com o marido da amiga, suas mãos, boca, pernas, vagina são o seu instinto imoral. Faça isso e veja o que sente. Opostamente, torne-se o seu mais terrível inimigo íntimo, se autoafogue, afunde-se por você mesmo. Veja o que sente.

Quando as emoções trabalham desfavoráveis, com aquilo de si, natural e não fazem conexão ao orgasmo e se, em uma brincadeira de como se vestir, o destrava, a essa brincadeira terapêutica, não pode negar sua potência de "terapia pela roupa".

11

Um caminho para o orgasmo

Alcântara, Mamede de. *Terapia pela roupa*, São Paulo, Mandarim-Siciliano, 1996 (p. 75 a 78); uma mulher não atingia o orgasmo e, quando descumpre a regra, deixa de usar a calcinha, descobre que ela interditava o corredor entre seu corpo e seu orgasmo. Presentifica as sensações de andar sem calcinha. A cada passo dado, faz o caminho até o orgasmo.

Abdo, Carmita. *Sexo no cotidiano: atração, sedução, encontro, intimidade*, São Paulo, Editora Contexto, 2022 (p. 13): "O que chamam de sexo — segundo o dicionário Houaiss, libido (do latim libido) é energia vital, procura instintiva do prazer sexual, desejo e energia que está na base das transformações da pulsão sexual". *Idem* (p. 11): "Sexo é tudo. Sexo é o pólen e o ovo; o embrião e o feto. Sexo é a boca, a mão, o pênis e a vagina. [...]. Não é original dizer que sexo é tudo. Não é natural não dizer".

Sem dúvida alguma a vida não é só sexo. Mas também não há dúvida de que sem sexo a vida humana não vingaria, a não ser pelo fato psicológico de que Maria pariu o seu filho, mas não fez sexo. E essa, por pressuposição, pode haver sido a própria civilidade, que ajuda alguém em sua dificuldade, e a escassez da verdade, para quem não a merece, fez o provérbio da religião; quando se escreve certo em linhas tortas.

O mito de Sísifo

Por Sísifo haver enganado os deuses, ele é condenado a subir uma montanha com uma rocha sobre as costas. E ao quase chegar no seu topo ela sai de seu controle e rola montanha abaixo. No dia seguinte, para todo o sempre, ele repete esse exercício inútil. Através dos mitos ou fatos psicológicos, criam-se funestos estratagemas de controle, através de uma moralidade malévola que afeta o homem.

12

O SAQUINHO DE DIAMANTES OU PÃO E CIRCO

Os dias de vida, abstratamente os reconhece "diamantes", pela medida que eles se esvaziam sem saber quando acabam. Diamante é a pedra trabalhada, de valor. Pão e circo, a falta deste; o valor. O cérebro que é melhor usado, em seu exercício mental, conota o diamante.

Os estudos, na ciência, também dispõem da prova multiescolha. Marca a resposta com a qual é aprovado. Depois de muito tempo, a ciência dá bomba em quem ela havia aprovado. Por muito tempo os cientistas acharam que a perda irreversível de neurônios se dava inevitavelmente na velhice. Voltaram atrás, passaram a borracha na questão que viam como certa, marcaram nova, uma vez que provas concretas indicam não existir uma grande perda. *Idem* Ratey (p. 399): "As imagens de varredura de TEP mostram que os lobos frontais de um homem de 25 anos e um de 75 anos estão dotados de idêntico brilho após o mesmo teste de memória. O declínio na velhice é primordialmente causado pela ausência de exercício mental".

Mas o que é fundamental explicar sobre esse idêntico brilho do homem de 75 e 25 anos é que a maioria humana não supera seu fim sexagenário. E o que entra em evidência é o exercício mental; quem de fato usa a cabeça descobre os tesouros que nela estão enterrados. Não é a plebe. Pode ser o personagem porco numa sucinta fábula adaptada: os porcos tiveram uma ideia, vamos chamar os valentes cães e tomar o poder; depois de tomado, perceberam que os cães eram acostumados a revirar lixo na rua à procura de alimento; epa!; é a lavagem que comíamos que vamos servir aos cães. No poder não é costume cortar gastos para si mesmo.

Um vendedor lê o caráter do seu cliente e sabe como abordá-lo. Há uma formulação de plebe, e o poder que sabe ler o seu caráter, se ela fica agressiva sabe apaziguá-la com pão e circo. Circo (do latim *circus*) é companhia reunindo artistas diferentes; malabaristas, palhaços, acrobatas, ilusionistas, globo da morte, entre outros; uma série de atos coreografados a músicas.

Pão e circo são iscas: esconderijo do anzol

A falta de recursos, como no Brasil, ao imprescindível: assistência à saúde e à educação. Mas, para se manter no poder, fortunas são esparradas para cantores com shows e comes e bebes; esse é o pão e circo.

Nos dias atuais o cérebro social é cada vez mais produzido por números diferentes de ângulos, e quanto mais forem os experimentados, mais fortes se tornarão as conexões neurais para entendê-lo. Um ministério da cultura pode assumir este papel: a promoção do pão e circo.

13

A PRIVAÇÃO DE IDENTIDADE – ESCASSEZ A QUEM NÃO MERECE

O que não é da conta de ninguém é a privação de identidade. E se muda de ideia, mas ao quase dizer, desiste, revela a liberdade.

A privação da identidade não se confunde com a propensão do pejorativo de duas caras; a que mostra e a que esconde. É não ter que dizer o que é só seu. Sonhei esta noite: e em que "se sonhei o conteúdo não é da conta de ninguém". Mas o que se sonha diz do sonhador, das suas máscaras emocionais, dos desejos negados, para ser aprovado.

Esta é uma narrativa ficcionista: no sonho, o país está em guerra e a tropa invade o convento — a realidade do cotidiano de quem sonhou. A mulherada mais nova dá boas-vindas ao sexo que a tropa invasora começa a fazer. Mas, diante da escassez de jovens, um integrante da tropa tira a roupa da freira — a que está sonhando —, circunstância em que o comandante da tropa grita "poupem as freiras". E as demais freiras indignadas contra-atacam: "guerra é guerra". O lobo está lhe comendo e ela protesta para não ser salva.

Em outra ficção: uma jovem secretária de um empresário muito rico; a esposa do chefe é a sua anfitriã em uma deslumbrante mansão. A jovem está acompanhada dos seus três filhos, e a sua anfitriã os acha lindos. Na vida real, a secretária é muito nova, solteira e sem filhos. A anfitriã lhe exibe uma coleção de joias caríssimas, enumera as circunstâncias de quando as recebeu de presente, do marido. Depois lamenta não ter herdeiros para tamanha fortuna.

A sonhadora sabia que a esposa do chefe era infértil. No seu cotidiano, quando fazia sexo com ele depois do expediente, na empresa, no motel, quando viajavam a trabalho, tinha total cuidado para não engravidar. No entanto, esses eram os momentos Kairós, oportunos para mudar de vida: só não se prevenir e dizer que está prevenida. Seu desejo reprimido é manifestado.

A privação da identidade de Maria, sobre quem é o pai de Jesus; se não foi José — este sabia que não era —, fez-se o juízo, a lucidez de Maria não dizer quem é. Não havia benefício nenhum, e sim pôr sua vida e a do filho em perigo.

Edward F. Edinger. *O arquétipo cristão* (p. 23): Maria, "quando grávida, ela foi expulsa de casa pelo carpinteiro de quem estava noiva, sob a acusação de adultério, e [...] deu à luz um filho de um certo soldado, Pantera". *Idem* (p. 22): ele cita Charles Guignebert, de que na antiguidade "os judeus e pagãos competiam na invenção de histórias que atacavam a honra de Maria, vista por eles como adúltera, ou mesmo como prostituta profissional" [...].

Nesse texto, seu objetivo não desacredita nem afirma a religião. Mas ilustra, na consciência autônoma, contrapondo à raiz heterônoma, subserviência ao realismo moral, pela privação da identidade; quem é o pai de Jesus não é da conta de ninguém. Tendo em vista que dispõe de versões de como Maria engravidou.

Cada vez mais o mundo discute ideias sem ocupar seu tempo a tomar conta da vida do outro, se definindo como caráter inútil.

São cenários do cotidiano do hoje em dia, no trânsito de veículos, mulher casada ou não, se por acaso desfila na calçada se vestindo sensualmente e alguém desacelera seu automóvel e a aprecia, ela percebe. Sabe que motivação levou o condutor do veículo quando desacelera. Se casada, seu marido sabe que ela faz o trânsito parar pelo modo como se veste, revelando entender a perspectiva da conduta.

A vida hoje em dia, irmãos do casamento e os da pulada de cerca não escondem laços e muitas vezes eles são postados nas redes sociais. A mulher usa batom expressivo que acende a faísca do seu desejo de ser desejada. Pelo modo como se veste e se maquia, revela a mulher fazendo-se a sua resposta; é a imaculada cada vez mais fora de moda.

Seja qual for a perspectiva: a de "Maria" e seus momentos sexuais com o soldado Pantera; a de imaculada, com o pai de Jesus sendo o Espírito Santo; e a terceira, diante de uma sociedade sem consciência autônoma desenvolvida. Com moralismo criminoso, diante do tabu, preferir a ajuda, salvar vidas, em vez das regras, reflete a civilidade do ser. Assim como numa madrugada não respeita o sinal vermelho no trânsito, diante de uma emergência médica; a preferência é a vida. Para quem indispõe de brilho mental que entenda as tomadas de decisões, como salvar Maria e o filho na sua barriga da agressão moralista, a mentira se transforma numa virtude; a que não dá pérolas a porcos.

14

GRATIDÃO A SI MESMO QUANDO É SUA RESPOSTA

Gratidão (do latim *gratus*) é expressão traduzida desde como agradecido ou grato e ainda há a derivação de *gratia*, com significado de "graça". Quando sente gratidão a si mesmo, que sensação é essa, então? E ainda mais sendo a sua resposta.

A emoção tem origem física e uma ideia é uma formação não física. Todavia, papéis sociais nos conduzem à interdição do desejo sexual. E pisar fora desses papéis, sua sensibilidade de pessoa; pôr-se debaixo da sua própria pele: eu te entendo, é motivo de gratidão a si mesmo quando é a sua resposta. Stanley (p. 108): "quando nos desengajamos dos nossos medos programados, quando mergulhamos no rio da auto-experienciação, ficamos banhados, imersos no mundo não-verbal, não-conceitual, não-visual, não-idealizado".

No universo mental que nós criamos, nós o somos. E isso distingue do que somos seguidores; em sua embarcação sem acesso ao seu volante, nem sabe seu desfecho. E ao naufragar o que sente é a árvore emocional, do amor, decepada em seu tronco, jogada no oceano e idem com a árvore das ideias. E ao afetar a saúde da árvore genealógica, somos o barco à deriva.

O escravo foi o indivíduo-máquina idealizado pelo poder. Não para viver, mas para servir. Ele foi o próximo do dono, pela espécie, mas havia um abismo sociocultural que os separava, com duração de vários séculos.

Porto de Galinhas (RE), cidade litorânea, quando o tráfico de escravos era feito pelo transporte marítimo, traziam-se junto galinhas barulhentas, com o objetivo de camuflar o pedido de socorro. Vidas foram desperdiçadas, embora uma máquina com preço de diamantes que trabalhava de graça. Os descendentes nasciam e aguardavam o seu tempo de uso como objeto. O protagonismo negro, da responsabilidade pela sua evolução, não deixa esquecer a ingratidão da qual eles foram vítimas.

A ingratidão ao diamante negro

Sem reconhecimento

Eu me fiz te olhando: de baixo para cima

— Nunca de frente —

Vazio de autoestima

O coração negro bombeava sangue, mas não batia forte, uma vez que não era sujeito de si mesmo. Com a porta aberta, mas sem o cérebro ser o seu volante, grande parte de nós, os pulmões respiram, mas não respiram fundo, de acordo com seus desejos, pela constante necessidade de aprovação, e essa é a sociedade que usa máscaras emocionais. Deixar de usá-la é o grande tesouro enterrado na sua cabeça e descoberto.

Recebemos ao nascer um nome, se de "pobre", mude-o para "rico", protagonize-se. Foi o que fez Senor Abravanel (nome da certidão de nascimento de Silvio Santos), nascido no Rio de Janeiro, em 1930. Protagonizou-se com o nome artístico: Silvio Santos. De bolso vazio nenhum nome nobre pode olhá-lo de cima para baixo. Senor poderia ter se protagonizado como "Homem-Aranha", "o Alpinista", "o Nonagenário", visto que subiu o arranha-céu do tempo animado e o social iniciado com o nome "pobre". Ele foi a sua resposta.

15

Vire o casco quando não lhe cabe. Ele já está trincado

Uma lenda de uma pequena tartaruga que se achava muito feia e se desespera quando o casco trinca. Alcântara, *idem* (p. 78): "Recorreu aos conselhos de uma amiga, que a influenciou a buscar ajuda numa oficina mecânica. Sua luta foi árdua, pois tinha vergonha de sair de dentro do casco até para que ele fosse soldado" [...].

Sem desistir ela encontra alguém: "Deixe o casco comigo agora que é noitinha, pois no escuro ninguém vai se dar conta de que está sem ele. Amanhã, antes de clarear o dia, volte para apanhá-lo".

A pequena tartaruga retorna à sua casa, quando é surpreendida, mesmo no escuro, ao encontrar conhecidos e alguns ao abraçá-la dizer: "como você está fofinha, gostosa!". Outros: "Que pernas macias estão tocando nas minhas? Como são enormes e sensuais". Cenas que se repetiram muitas vezes até que chegasse em casa. Deixou aquele filme se repetir mais e mais vezes em sua mente e, assim, não conseguiu dormir, a não ser quando se aproximava a hora combinada de buscar o casco. Quando se é sexualmente estimulado de maneira plena, a ideia da relação sexual é vívida e insistente.

No enredo, havia uma garça que vivia no casco de uma tartaruga e a sua essência o fez trincar.

O orgasmo fora do casco

Quando deixei o casco na oficina

Saí de lá nua e macia: fui apalpada
Faíscas acenderam, não dormi
Pelas lembranças de que fui tocada
A não ser na hora de buscar o casco
Minha alma entendeu, lá não mais me cabia.

O orgasmo é gozo que não cabe em casco nenhum. São sensações de entrega, morte; quando mais se vive.

Nós fomos levados a fazer de nossas vidas um casco isolado. Moro naquele casco; pelo que penso, sinto, faço. O escravo deve amar, como a si mesmo, o seu dono, uma vez que é o seu próximo. Sair fora do casco é declarar amor a quem escolhe.

16

A CARÍCIA ESSENCIAL DECLARADA NUMA CARTA

O toque físico, afetivo, o olhar que diz: eu te amo é linguagem entendida, não só por entes queridos humanos, mas pelo cachorro e o gato, adotados como membros da família, que se configura como família multiespécie.

Sem toque físico, mas o da alma, na vida que é um sopro, no meio deste, podemos imortalizar relações que tiveram seus momentos importantes como família por uma conjunção de instantes.

Se por um acaso não nos reencontrarmos mais:

Eu já lhe disse: eu te amo.

E o que de mim há para você: amor e amizade

Só para você saber

Sem cobrar reciprocidade

Agora imortalizado nesta carta em seu aforismo de texto sucinto:

_____

_____

_____

_____

_____

Este é o momento — Kairós — oportuno

Da gratidão: eu e você ainda vivos

Sem esperar pela morte, mas produzindo emoções novas.

Kapleau, Philip. *A roda da vida e da morte*, São Paulo, Editora Cultrix, 1989 (p. 32):

> [...], a noção de que a morte, quando vier, porá um fim à nossa vida é bem mais comum. Entretanto, a falta de fé na continuidade da vida implica medo e tensão ao defrontar-se com a realidade da morte iminente.

A fé está vazia

Como uma xícara de pôr café — sem café

Antes, porém

Vamos tomar um café

A onipotência nos separa, mas a xícara de café nos une. Embora cada um com sua perspectiva.

17

PERSPECTIVAS

A perspectiva é campo de estudo da geometria projetiva e suas aplicações se estendem para a arte, arquitetura, design. Por empréstimo é como cada olho ver o mundo em que vive. Alcântara, Mamede de. *A Missão da roupa: da moda ao discurso nas performances*, São Paulo, Porto de Ideias, 2010 (p. 106):

> Da Revolução Francesa às Performances Visuais hoje.
>
> O fim da monarquia francesa conduziu à queda das leis santuárias: o luxo e o esplendor como privilégios restritos à nobreza. Eram leis que existiam há séculos na Europa e determinaram o que os não nobres poderiam ou não vestir. [...].
>
> *Idem* (p. 106): Luís XVI e Maria Antonieta foram decapitados. Ainda no final de 1793, o novo governo republicano decretou o fim das restrições impostas pelas leis santuárias, fazendo-se lei a liberdade para cada um se vestir conforme seu desejo.

O que a sociedade determina, até como se vestir, na monarquia francesa, em 1791 e 1792, a aparência suspeita de status aristotélico tornava-se risco de vida: o luxo não tinha mais escolta para ninguém. O rei, a rainha, símbolos das diferenças sociais, perderam o direito à própria vida.

O novo sentimento republicano instalado e expressado pelo se vestir; *idem* (p. 106): "[...] mais intenso nas mulheres do que nos homens, atingiu ponto culminante em 1800, levando à abolição de peças de baixo, com o costume à la sauvage. O peito e os braços ficavam nus. Os tecidos eram sempre de espessura mais fina".

Consciência autônoma

No governo do 23º presidente da França, a perspectiva da primeira dama, Carla Bruni-Sarkozy, "sem sutiã", num jantar de gala no palácio, junto com o marido. Com que roupa? E a escolha de quem veste; na vida republicana, a bandeira da liberdade lhe representa, ainda mais, com Paris capital da moda. E moda é o que muda.

A infidelidade é autonomia de três corações

Sem tapar os ouvidos e fechar os olhos pela infantilidade de achar que a realidade some, o mundo hoje sabe que a maioria dos casais é infiel. Cria o triângulo amoroso; de três corações. Ainda que traídos a pôr a mão no fogo; menos o meu relacionamento. Para a maioria, dois corações, sai de moda. Une por escolha, mas não está imune de si mesma pela arena onde se digladiam. O "o que Deus une o homem não separa" que se ouve na cerimônia de casamento está em descrédito: mais da metade se separa dos "dois corações" que se unem. A que não separa, em grande parte, se compõe com um terceiro coração. Três corações torna-se a regra. É, contudo, uma perspectiva social do coração proibido de bater forte por outro, mas o faz invisivelmente como se fosse um extraterrestre, a não ser quando se envolvem sexualmente e o filho aparece.

18

TRÊS CORAÇÕES E TRÊS CORAÇÕES COM INICIAIS MINÚSCULAS

(https://www.trescoracoes.mg.gov.br/index.php/a-cidade): a origem toponímica do município: três versões diferentes, segundo o historiador mineiro Alfredo Valadão, o nome da cidade originou-se das voltas que o rio Verde realiza ao redor da cidade. "As tais voltas, vistas de um panorama aéreo, são percebidas como formas que se assemelham a três corações."

Idem, uma versão não tão histórica, mas poética conta que três boiadeiros, vindos de Goiás, renderam-se aos encantos de três moças da localidade. Jacyra, Jussara e Moema despertaram o amor dos três boiadeiros e conquistaram os três corações.

Idem, "a terceira versão descreve que Tomé Martins da Costa, o fundador da cidade, ao construir a 1ª Capela no arraial, em 1761, consagrou-a aos Santíssimos Corações de Jesus, Maria e José".

Aos santos se esculpem imagens, a quem é importante erguem-se monumentos. A imagem de Três Corações se associou a seu filho mais importante: Terra do Pelé. Na rodovia Fernão Dias, próxima à cidade, foi erguido um monumento ao rei Pelé; Edson Arantes do Nascimento (1940-2022), que se protagonizou no futebol.

Varginha, cidade próxima a Três Corações, ergue o monumento ao ET, que se protagoniza com essa versão. Numa fábula, a cidade ouve o Pequeno Príncipe, de que em algum lugar havia um tesouro enterrado, e o encontra. Não se pode afirmar que não houve nenhum ET, mas ninguém o fotografou. Se é peça como as de Shakespeare chamada "Café com Leite", mas sem nenhum desses ingredientes na sua mistura, a peça foi muito bem produzida e torna-se conhecida por todo o Brasil.

Um monumento simbólico à verdade: o pênis e a vagina

A vagina e o pênis se entendem e cumprem um papel natural. O pênis, quanto mais esparrar espermas e quanto mais fecundar, mais cumpre um papel biológico da reprodução humana.

Um monumento a três corações com letras minúsculas.

No mundo inteiro foi calculado a partir de estudos de grupos sanguíneos, segundo Baker, Robin. *Guerra de esperma*, Rio de Janeiro, Record, 1997 (p. 83): "cerca de 10% das crianças na verdade não foram geradas pelos homens que pensam ser os pais delas". E ainda o gozo é duplamente prazeroso ao imaginar a cara do traído. Nos dias atuais, contudo, há perspectivas sexuais do triângulo amoroso consentido.

Um coração, quando bate para outro coração, é o encontro de dois corações. Mas pode haver muitos, sem denotar envolvimento sexual, como se deu com uma das versões; os Santíssimos Corações de Jesus, Maria e José, que deu origem ao nome da cidade Três Corações. O nome é incomum, destaca a cidade, assim como uma corporação de formação militar que sedia; da qual nascem integrantes das forças armadas, aptos para a guerra. A guerra não ignora a natureza humana. Quando uma mulher escolhe um ou mais de um homem com quem vai dividir a sua vida, *idem* Baker (p. 163-164): "De um lado, ela precisa de um homem que possa ajudá-la a criar seus filhos. De outro, ela precisa de genes que, combinados com os dela, produzirão crianças atraentes, férteis e bem-sucedidas".

Três corações, portanto, quando emoções estão em guerra para formar uma família, o terceiro coração corre atrás do espermatozoide para melhorar seus genes.

O pai do filho que será criado por outro homem, numa sátira: tem o espermatozoide do soldado Pantera. Mas há o espermatozoide perseguido para pagar as contas. Na cidade de Três Corações, o "esperma verde" do exército, lá no passado, tinha o seu status econômico. Contudo essa é uma "consciliência", do quase nada, sobre quase tudo e que todo mundo entende. Em qualquer cidade, há entre seus moradores os que pulam cerca; invisíveis como ETs. Caso não, com filhos do adultério, na coleta de dados, a fonte é pública; os cartórios.

19

"CONSCILIÊNCIA" DA COISA À TOA

"Consciliência"; quase nada sobre quase tudo e a cumulação dos fragmentos cria a ordem de grandeza. Em seus opostos, ao se unir se cooperam, ainda que naquilo sem importância; como uma mulher com problemas de visão que vai ao médico. Depois vai à ótica e quem a atende diz, após mostrar opções de modelos de óculos caros: que olho! — compre o mais caro. E assim um elogio, coisa que parece à toa, faz a diferença e desmotiva a cliente a precificar a concorrência. Na bandeja do velho, o velho é o almoço da vez. Na união dos fragmentos, nada é à toa.

Solidão

A solidão provoca sensação de desconexão, sem pertencimento a um grupo. Traz implicações emocionais e comportamentais, relacionadas a um conjunto dominante de desfechos negativos que afeta a saúde mental e física. Uma empregada doméstica, bem ali ao lado de quem ela serve, pela medida que, antes, ela é vista como um eletrodoméstico, e não como colaboradora; como pessoa vive sua solidão. Distingue-se da perspectiva das corporações empresariais, em que subordinado não é eletrodoméstico de uso do chefe, tendo em vista que pode, pelo desempenho, tomar o seu lugar.

Há sensação de solidão até com quem se dorme junto; sem seus corpos se entenderem, tocarem, acenderem faíscas e se esquentarem, é a infelicidade com que se acostuma, e isso põe em discussão o valor dos dias diamantes de vida pela escassez à frente, sem vínculo de amantes.

Parte de nós, quando a vida se ocupava das funções de cuidar de filhos, trabalhava fora, fazia o seu pertencimento. Quando se aposenta e os filhos foram cuidar de suas vidas, esse vazio não só do ninho, mas do pertencimento está entre as causas que especialistas apontam da depressão que acomete. Não como contaminação virótica indistinta, mas quem já tinha esse agouro, pelas castrações dos seus sentimentos mais autênticos e os quais foram interditados.

Fase de separação

Na casa dos 9 anos, ocorre a fase chamada de separação, quando a criança se enturma com outras, e se desapega dos pais. Contudo, a consciência heterônoma, de obediência à autoridade, em vez de incentivar a autonomia de suas consciências, vê a conduta com visão mercadológica, com adjetivação negativa do tempo junto para não fazer nada. Se juntam para ficarem à toa, é o sem importância, contudo que dispõe de importância na nossa construção.

O "à toa que é um tesouro"

Coragem para o "à toa" é descoberta de um tesouro

Não mais depende das funções

Vive seu tempo de ouro

E a atitude que melhor se soa

Para superar medos

Canta, bate, toa, retumba, ecoa

No samba é fácil seguir o enredo

Contudo, no escondidinho é que faíscas acendem

Pegam fogo à toa

O ser superadaptado, subserviente a preceitos, puxa carroça sem ao menos pensar. O ambiente é o dono da carroça, tem as rédeas sobre mãos. Desse modo, aquilo à toa, sem importância, todavia é viver, é diamante que não tem preço.

Solitude

Solitude; nada mais que ficar sozinho e sentir-se feliz com essa escolha. O amor-próprio fortalece. Separados, viúvos, solteiros que não se casaram compõem o grupo dos que moram sozinhos, não por falta de oportunidade, mas pela experiência que percebe mais vantagens do que desvantagens. Delibera pela liberdade para ouvir os desejos, como ao pôr o sinal verde na porta para quem o desejar. Novas amizades, antigas, bem como amores estepes, os casuais.

Morar sozinho, se com visão vazia da consciência autônoma, cai no conto da eudaimonia, termo grego que significa a felicidade sob controle moral.

A moral sem domadores

Eu deixei que mordesse a minha fruta

Acusaram-me de imoral

Mas mordida

Me incendiei

Cooperei com toda a humanidade

Para a biologia (do grego, bio, vida e logos, estudo), é lógico a vagina e o pênis se entenderem. Para a ciência da psicologia, pela medida que há uma moralidade que chama esse entendimento, que é natural, de imoral, é a declaração de guerra à vida. É a pulsão de morte sendo potencializada.

20

NÃO SÓ COMO VIVER, MAS COMO MORRER, NAS PRÓPRIAS MÃOS

Keleman, Stanley. *Viver o seu morrer* (tradução de Maya Hantower), São Paulo, Summus, 1977 (p. 104): "A decisão de viver nosso próprio morrer é a decisão de se reservar o direito de pôr um fim a si mesmo. É a decisão de aceitar a responsabilidade pelo seu viver e pelo seu morrer. É a decisão de fazer contato com sua vida, sua morte". *Idem*:

> Citando a Summa Theológica de Santo Tomás: "Se você ler o Evangelho, ele diz 'Cristo gritou em voz alta, inclinou Sua cabeça e morreu'". Santo Tomás estava afirmando que Cristo escolheu o momento de Sua morte. Ele criou Sua própria morte. Não foi passivo diante dela. A morte não veio buscá-Lo. Cristo desafiou a mitologia de que a morte vem buscá-lo. Cristo escolheu o martírio e Ele o conhecia.

Kapleau, Philip. A *roda da vida e da morte*, Círculo do Livro, São Paulo, 1989 (p. 75), aborda as últimas palavras de Cristo. "Meu Deus, Meu Deus! Por que me abandonaste? [...] Pai, em tuas mãos entrego meu espírito [...]". E de acordo com os apóstolos Marcos e Mateus, deu-se um grito alto, demonstrando assim que sua Grande Dúvida se dissolvera, que seu laço com Deus fora reatado e que ele e o Pai eram verdadeiramente um; Jesus transcendera corpo e mente e com isso sua dor e agonia.

Na hora da morte, Cristo muda a regra, antecipa-se, faz a sua hora, não espera. Em vida, Madalena, a prostituta, fez-se inesquecível, porque foi quase apedrejada, mas Cristo a protege; ele muda a regra e entende sua perspectiva. Imaculada, que não se mancha, hoje em dia está desacreditada. A versão Madalena, a fã de todos que beija na boca em exposição nas redes sociais. No catolicismo, há vigários de corpos erógenos, a origem da emoção, que se deixam tocar por quem os vir. O seu ego que pensa em realizar a moralidade perde força, talvez; evolução da igreja. Se fiéis a seus desejos, com a autocivilidade: "eu te compreendo", não se revela para quem não merece e infiel à moralidade, é privação de sua identidade. Mas não estão acima dos transtornos emocionais, nem de que não contam mentiras para si mesmos.

Uma linda mulher

Quando eu a vejo

Vejo só mulher

Sem marca, positiva ou negativa

Se "uma linda mulher"

Se eu fosse um cineasta

O filme chamaria: uma linda mulher

O que muda a regra do jogo e se protagoniza faz sentido ser a sua resposta "como viver" e "como morrer". Não faz sentido fazer o que o vírus cavalo de Troia manda.

21

O VÍRUS CAVALO DE TROIA

Um mundo que vai ficar pronto, com o ser transformado em vidro saído da fornalha levado à fôrma, é uma perspectiva. Mas há a perspectiva de quem não quer ser vidro levado à fornalha para dar sentido à vida de salvadores e a fazer o que eles mandarem.

Weir, Stepen. *As piores decisões da história: e as pessoas que as tomaram*, Rio de Janeiro, Sextante, 2014 (p. 10):

> "Principais culpados: Adão e Eva.
>
> Dano resultante: pecado original.
>
> Causa: a loucura básica da humanidade começa aqui, com os primeiros humanos."

> [...] *Idem* (p. 10):

> John Milton, Paraíso Perdido, Livro 1

> *Disse também à mulher: "Multiplicarei os sofrimentos de teu parto; darás à luz com dores, teus desejos te impelirão para o teu marido e tu estarás sob o seu domínio". E disse em seguida ao homem: "Porque ouviste a voz de tua mulher e comeste do fruto da árvore que eu te havia proibido comer, maldita seja a terra por tua causa. Tirarás dela com trabalhos penosos o teu sustento todos os dias de tua vida. Ela te produzirá espinhos e abrolhos, e tu comerás a erva da terra. Comerás o teu pão com o suor do teu rosto, até que voltes à terra de que foste tirado; porque és pó, e em pó te hás de se tornar. (Gênesis 3:16-19).*

O cavalo de Troia é uma alegoria de um equino de madeira, oco, estratagema da enganação, dado pelos gregos como presente aos troianos. Através dele os soldados gregos entraram na cidade troiana, consolidando o conflito existente. Na atualidade, deu origem a uma expressão que significa "enganação" e batizou um vírus de computador.

As piores decisões da história, formuladas por Weir, em que Gênesis 3:16-19 é o cavalo de Troia, estratagema funesto, passado como presente grego, é uma perspectiva com fonte oriunda da ciência do homem.

Reich, *idem* (p. 24): "Só se Deus e a lei da natureza são idênticos, pode haver um entendimento entre a ciência e a religião".

Cada um tem sua perspectiva; à de quem aceita que é o fruto do pecado original, segundo o Gênesis 3-16-19. O ateu não crê no Gênesis e ainda há quem veja essa crença nociva ao ser; ao interditá-lo de ser a sua resposta.

22

O rei, Picasso e a mulher dando lances

Uma lenda de um rei de nariz muito grande e chamado de feio desde a infância, que tinha dificuldade para lidar com sua autoestima, a ponto de que quem inadvertidamente tocasse nessa ferida escondida, por ser mais da mente que da "cara", se dava às vezes muito mal. Alcântara, *idem* (p. 19): "Temperamental e imprevisível, de veneta, contam que numa fase de desespero em atender-se à sua vaidade chegou até a condenar à forca um de seus fotógrafos, que, na tentativa de agradá-lo, quis fazer que seu nariz parecesse menor numa foto. No entanto, um outro mais comprometido com a verdade, e talvez por isso mais criativo e capaz, escolhera um ângulo em que o nariz do rei lhe parecia bonito e de certo modo sensual".

Pablo Picasso (1881-1973) junto com Georges Braque (1882-1963) formularam a troca da representação tradicional do espaço a partir de um único ponto de vista. No cubismo eles criaram a reprodução simultânea de diferentes planos e ângulos de contemplação de um objeto.

O mais importante é invisível

- Problema pede ângulo novo
  Pensar, de novo
  Mesmo ao léu à toa

Inocente cruzada de pernas
Da aluna universitária
Se muda a visão do professor
Ela dá as cartas do jogo

A "consciliência" pelo prisma que une cada expressão, o mais importante parece invisível, como a leveza do xote reinventado pelo movimento das pernas de uma mulher que desabrocha como um botão da rosa ao som de suas emoções; só ela sabe e são as coisas que não conta para ninguém, pela medida que não é da sua conta. Isso é de sua pessoa, só dela.

Carl R. Rogers (1902-1987) foi um psicólogo estadunidense que desenvolveu a abordagem em psicologia "centrada na pessoa" e em seu livro afirma que: tornar-se pessoa formula pessoa como aquele que é capaz através da sua sensibilidade de pôr-se debaixo da pele do outro e o compreender. E, assim, a formulação de quem é sensível para se entender; "como pessoa, de sua pessoa", sem excluir a si mesmo.

Santinhos e santinhas de pau oco se vestem de máscaras. E a descoberta do seu tesouro é se despir, sem enfeite, deixar seu botão da rosa desabrochar.

23
O BOTÃO DA ROSA INTERDITADO

Figura 1 – Foto do autor e da sua esposa com essa imagem pública em Brasília, DF (julho/2023)

"O Xote das Meninas" (https://www.youtube.com/watch?v=YI6Fy-fb9Ms)

Luiz Gonzaga (1912-1989) e Zé Dantas (1921-1962)

Mandacaru quando fulora na seca

É o sinal que a chuva chega no sertão
Toda menina que enjoa da boneca
É sinal que o amor já chegou no coração

[...]

De manhã cedo, já tá pintada
Só vive suspirando, sonhando acordada
O pai leva ao doutor a filha adoentada
Não come, nem estuda
Não dorme, não quer nada

Mas o doutor nem examina
Chamando o pai de lado, lhe diz logo, em surdina
O mal é da idade e que pra tal menina
Não há um só remédio em toda a medicina

[...].

Filhas pré-adolescentes são como botão de rosa abrindo-se em seu esplendor. Teclas de piano quando tocadas criam sons que encantam. E quanto mais despreparada for a família, mais bichada sua sexualidade se torna.

A interdição traumática de um namoro pré-adolescente, pela medida que ele foi importante, o eterniza como um estepe pelo desejo de um dia ser usado. Castra o ato, não a fantasia de como teria sido. Casa-se com outro, mas quem conheceu na sua pré-adolescência nunca esquece.

Baker, *idem* (p. 384): esse é um resumo sucinto que nós fizemos. De 2% a 4% das mulheres nunca gozam e outras 5% têm orgasmos múltiplos, mal sai de um clímax entra noutro. E outras

10% nunca chegam ao orgasmo durante a relação sexual. Outras 10% quase sempre gozam. Há as que são passivas ao se excitarem na transa. Enquanto outras preferem ser mais ativas.

É atribuída como imoralidade a naturalidade do corpo, do instinto, fonte das emoções. E os efeitos colaterais não ignoram.

24

A PAR (CONSCIENTE) DO NOCIVO E O QUE BENEFICIA

A par, "do par": amor e ódio, esparre o amor; sem os ver inseparáveis, colados opostamente numa mesma moeda, como no ensaio de Lacan com uma única palavra: amódio; amor e ódio inseparáveis. Numa consciência social ao esparrar amor, ele toma o lugar do ódio. Onde havia uma cadeia, construa um motel, faça deste o protagonista. Crie essa cultura: em cada cadeia, um motel. Neste, o orgasmo atravancado pela moralidade é deliberado. O mundo vem mudando e não só cadeias fecham, mas igrejas. E seria simbólico onde fechar uma cadeia inaugurar um motel. Contudo, Deus sem cliente é Deus morto.

Edinger (p. 121): Quando Nietzsche diz "Deus está morto", expressa uma verdade validada para a maior parte da Europa. Sem ser a Nietzsche que coube a validação, mas ao fato psicológico.

Na Holanda (Países Baixos), menos da metade dos moradores segue uma religião. Lá, regulamentou-se a união homossexual, a prostituição; é destacada pela civilidade animal, com o abandono do cachorro e do gato superado; bem como por haver pontes verdes (ecodutos) por todo lado para a biodiversidade passar protegida.

Deus é brasileiro

No Brasil, Deus é necessário e com muito trabalho à frente. Nossas cadeias estão lotadas sem ignorar entre seus clientes os integrantes do topo da pirâmide social. É que é alto o índice de corrupção; conduta ilícita para se beneficiar, o delito, na pirâmide toda; esvaziada das virtudes, alimenta monstros. O ódio colado no amor; este não ignora a nossa própria essência de que nos mesmos escaninhos da anatomia física passam uma emoção e a outra oposta. Assim como ateu se casa com religioso, o gordo com o magro e a imoralidade atribuída ao orgasmo é clímax no ápice.

Reich, *idem* (p. 24-25): "A 'moralidade' é ditatorial quando confunde com pornografia os sentimentos naturais da vida. [...], eterniza a mancha sexual e arruína a felicidade natural no amor".

Pela medida que não se sabe quando, espera-se pelo "Kairós oportuno", como o orgasmo liberto das garras da moralidade da imaculada. O orgasmo é instinto independente, ameaçado pela moralidade, o indivíduo torna-se assexuado. Em seu caráter material ameaçado da segurança, privará de sua liberdade, mata-se a si mesmo e se entrega ao ditador.

25

O MUNDO DO "ALIVIADO SOULAGÉ MELANCIA E O DA OLÍVIA PALITO"

Olívia Palito, traduzido do inglês: Olive Oyl, é um personagem de desenho animado criado por E. C. Segar em 1919 para sua história em quadrinhos Thimble Theatre (Teatro Dedal). Popeye é o namorado de Olívia, nos quadrinhos e desenhos. Ela o insulta e o repreende regularmente. É infiel e, em geral, o destrata em diversas ocasiões. *Soulagé*, termo francês que em português significa aliviado, liberto inteiramente ou em parte, de um encargo, transtorno. É centenária a personagem Olívia e nasce nessa obra o personagem Aliviado *Soulagé* Melancia. Um descansado, repousado, aliviado; com estética física oposta à de Olívia. O corpo ao consumir um quilo de alimento não engorda um quilo. Sem disciplina do exercício para a perda de calorias, acumula peso. A melancia, imagem associada ao corpo, reflete a indisciplina. O palito ouve o alerta do cérebro: "já deu".

Pôr em ação o espantalho que ele próprio, o Soulagé Melancia, representa, para desmotivar seu esfomeado na escolha de nova estética física seria o tratamento emocional.. E este método tornar-se-á as emoções que trabalhariam a favor da sua estética, ao se deitar sobre cartolinas e o seu corpo circulado com canetas, deixando seu esboço marcado no papel, é um educador de medidas. A gravura com projeção de espantalho, fixada em um local visualizado durante as refeições revela a sua representação gritando:

Olhe-se! Sem lhe custar nada, opostamente a outras formas de tratamento, sua visualização torna-se um alarme. Da insatisfação recorre ao spa, local elegante, estruturado, que oferece tratamento de saúde, beleza e bem-estar aos clientes e que integra a redução de medidas. Sem se fazer o seu educador físico, com a idade, as pernas afinam, e a barriga sustentada em dois palitos sobressai.

O gordo e o magro dispõem de logística no mundo, apesar de estéticas opostas, ambas podem dispor de um bom caráter.

26

CORRE PERIGO SE DEIXA O BARCO À DERIVA, VIVER REQUER O EXERCÍCIO DE REMÁ-LO

Compreende-se que o exercício físico instruído nas academias modela, muda o corpo, porém, rema o barco, para tornar-se Pessoa, de sua pessoa, pela sensibilidade de pôr-se debaixo da própria pele.

Pessoa, de sua pessoa

Eu me descobri um botão da rosa

Só queria saber de desabrochar

Pois essa é a hora!

De beijar! Beijar!

Quando jovem: — Vamos nos encontrar? Bora! Mas essa perspectiva — bora, anda logo, corrobora o provérbio: "ande depressa — devagar", caso haja um beijo; não se apresse. A toxicidade pelo aceleramento, se não há necessidade, faz-se nociva. Acelerado não vê o meio ao seu redor nem é apreciado por ele. Obscurece da percepção que atribui a onipotência que tudo pode e no amor une os pares que se encantam.

A onipotência amorosa

Amam o negro e o branco, o magro e o gordo

Solteiros e casados, pobres e ricos

O mais velho e o mais novo

Na arte de amar

Pede exercício

Para o amor não naufragar

Nunca pare de remar

A repressão do amor natural

Ainda no começo deste século, depois da primeira década, a liberação sexual na China era só depois dos 23 anos.

Quando o beco está sem saída, sem ao menos pensar, infelizes no amor, encontram a porta secreta, no amor fora das regras: três corações. E na pessoa, de sua pessoa, um diz ao outro: eu te entendo. O chinês ao falar aos berros, não por nervosismo, mas porque gosta, ele diz a si mesmo: eu te entendo; entupiu os genitais, goze falando. Não seria algo mecânico como canos que trafegam a água oriunda de uma mesma fonte e se interdita um, aumenta a pressão nos demais. Mas como olho que perde sua visão e amplia a do outro.

27

COMO VIVE, COMO SE CUIDA: SEM TABU SEXUAL VIVE AINDA MAIS E MELHOR

Nem tão ao céu nem tão a terra; a vida não é só sexo, mas sexo é vida, muda a forma de viver, de amar. O distúrbio no sexo, segundo a experiência médica neuropsiquiátrica, bem como psicanalítica, destacada em itálico, Reich, *idem* (p. 90):

> *A gravidade de todas as formas de enfermidade psíquica está diretamente relacionada com a gravidade da perturbação genital.*

Idem na p. 241, Reich cita: "Hartmann forneceu a prova, no campo da biologia, de que não é a sexualidade que é uma função da procriação, mas o contrário: a procriação é uma função da sexualidade".

A procriação depende da fertilidade que tem data de validade. Não a sexualidade iniciada sem data marcada para terminar e o sexo beneficia a saúde.

Um estudo da UFPI (Universidade Federal do Piauí), publicado pela Veja, em 14 de abril de 2016, em sua coleta de dados, traz o estudo publicado na versão on-line da revista científica European Urology[1]: os homens que ejaculam pelo menos 21 vezes por mês

---

[1] Disponível em: https://veja.abril.com.br/saude/ejaculacao-frequente-reduz-o-risco-de--cancer-de-prostata. Acesso em: 5 nov. 2023.

têm risco 20% menor de desenvolver câncer de próstata. O estudo feito por pesquisadores da Universidade de Boston, nos Estados Unidos, "acompanhou cerca de 32 mil homens ao longo de 18 anos. Durante este período, 3.839 participantes foram diagnosticados com câncer de próstata, dos quais 384 foram fatais".

Os participantes relataram a frequência média de ejaculação por mês. Em três períodos distintos. Entre 20 e 29 anos. De 40 a 49 anos, e o período, no ano anterior ao início do estudo.

Com ejaculação de pelo menos 21 vezes por mês, corriam um risco 20% menor de desenvolver o tumor de próstata, na comparação com aqueles que tinham entre 4 e 7 ejaculações mensais. E embora maior frequência de ejaculação seja associada a um risco menor, "mesmo homens que reportaram um número menor de ejaculações por mês — de 8 a 12 — conseguiram reduzir o risco em 10%". Apesar do aspecto benéfico da ejaculação, na prevenção do tumor, alerta Jennifer Rider, líder do estudo: "Não devemos enfatizar o número exato de ejaculações, mas o fato que uma atividade sexual segura é benéfica para a saúde da próstata". A explicação da associação estaria: "na liberação de substâncias, como os hormônios ocitocina e DHEA durante a ejaculação. Os compostos teriam um efeito benéfico para a saúde".

E quando realizado (https://www.telavita.com.br/blog/vida-sexual-na-terceira-idade/) "com homens de 46 a 81 anos identificou que a ejaculação com 21 vezes ou mais no mês — reduz a incidência do câncer em 33%", comparado com outros homens que ejacularam entre 4 e 7 vezes no mesmo período.

"A relação sexual madura pode indicar maior satisfação com a vida e ser a chave para um casamento de sucesso", indicaram dois estudos: um publicado na revista *Sexual Medicine*, que entrevistou 6.879 adultos com média de 65 anos e apontou que o bem-estar geral dos idosos melhorou "se eles realizaram alguma atividade sexual nos últimos 12 meses". O publicado no *The Journals of*

Gerontology: Series B, que estudou casais entre 57 e 85 anos, concluiu "que aqueles com mais frequência sexual eram mais felizes e tinham uma visão mais positiva em relação ao casamento". E a vida sexual ativa na longevidade melhoraria a habilidade cognitiva, serviria como um exercício para o cérebro, ajudaria a mantê-lo em forma e a própria aparência mais nova, uma vez que "a relação sexual provoca a liberação do hormônio do crescimento humano. Sendo assim, a pele se tornaria mais elástica — o que evitaria o uso de vários produtos cosméticos".

Idem em nova atualização, de 24/3/2019 (https://ufpi.br/ultimas-noticias-ufpi/14969-praticar-sexo-na-terceira-idade-traz-melhorias-a-qualidade-de-vida): a coordenadora do curso de Medicina da Universidade Federal do Piauí, professora Ione Lopes, afirma que a abstinência sexual é prejudicial à "manutenção da tonicidade, da elasticidade, da lubrificação vaginal e do interesse pelo sexo". Em mulheres sexualmente ativas, "é observado menos atrofia vaginal do que em mulheres inativas", isso devido à irrigação sanguínea da vagina. E ainda conclui: "Se existe perda em quantidade, pode-se ganhar em qualidade pela experiência de vida".

28

PÔR EMOÇÕES E O CÉREBRO PARA TRABALHAREM PARA NÓS

A falta de desejo sexual de uma das partes do casal e a consequente abstinência têm como causa nuanças peculiares, que muitas vezes se escondem em máscaras emocionais; de que está tudo bem, sem importar idade, na medida em que sexo não tem idade.

Sem importar a faixa etária, diante da visão mercadológica em que a separação produz prejuízo patrimonial ao casal rico, o sexo visto como diversão e a opção extraconjugal paga fez-se costume, sobremodo masculino.

Com diagnóstico de separação, quando discute o tema pela neurose na arena em que os pares digladiam, um grita: você fez isso! E o outro rebate: você fez aquilo! Desse modo a identidade da produção de ideias, para a solução, é citada, como a que segue. Fisher, Helen E. *Anatomia do amor: a história natural da monogamia, do adultério e do divórcio*; tradução de Magda Lopes e Maria Carbajal, Rio de Janeiro, Eureka, 1995 (p. 115). Os mongóis da Sibéria resumem em poucas palavras um pensamento mundial: "Se duas pessoas não conseguem viver juntas, é melhor que vivam separadas".

O que faz separar é tão complexo quanto o que leva a unir. Sem a opção sexual fora do casamento, a falência sexual que gera angústia; o equivalente negativo da excitação sexual potencializa uma autoviolência pelo bloqueio da energia impedida de sair pela descarga orgástica. Pôr emoção para trabalhar para nós, de modo que se torne bom usuário de si mesmo, pede coragem para seu exercício.

Demarcações sociais

Não só põem em perigo a vida por suas angústias e ainda mais pela falta de acesso à qualidade de vida. Numa parte da sociedade, o tempo medido pelo relógio é mais curto e em outra parte ele é longo. Cesar Sacheto do R7 (https://noticias.r7.com/sao-paulo/desigualda-de-em-sp-morador-da-periferia-vive-23-anos-menos-29102020): "No Jardim Paulista, bairro nobre, idade média do paulistano ao morrer é de 81,5 anos. Já no Jardim Ângela, apenas 58,3 anos". Essa é só uma referência entre muitas e no mundo cada vez mais, por cada década, vive-se ainda mais e melhor.

Não porque nasce viverá bem e disporá de longevidade.

Numa lenda, a da esfinge, ela inquire: "Quem ao amanhecer anda com quatro pernas, ao meio-dia com duas, e ao anoitecer com três?". Se não respondesse, a esfinge devoraria. Nós engati-nhamos, na sequência nos equilibramos sobre duas pernas, depois recorremos à bengala.

O ser nasce e cresce, física e mentalmente, mas encontra no seu caminho suas ciladas: milhões marcham para matar ou morrer na guerra instigada e declarada pela loucura dos ditadores, para dar sentido às suas personalidades violentas. Ao fazer o que o ditador manda, por identidade, ele é a esfinge devoradora, à qual se submete para ser devorado, revelando uma autodevoração. Aquilo, algo de nós, que nos entregamos, para morrer, reflete uma identidade. Desafiar, virem os fabricantes de hospícios em suas visões ilógicas, e a revolução que te salva, nada mais é que sua resposta, a sua consciência atenta ao momento oportuno, de bom usuário de si mesmo, escolhe o exercício que rema o barco para a vida, enquanto vivo estiver.

A septuagenária Heloísa Eneida Paes Pinto Mendes Pinheiro, nascida no Rio de Janeiro, em 1945, de biquíni na praia, em 2023, e recebe elogio nas redes sociais. Ela é a ex-modelo que ficou notória por ter sido a musa inspiradora de Tom Jobim e Vinicius de Moraes para a canção "Garota de Ipanema", que projetou a bossa nova internacionalmente.

Um só corvo que o fizer ficar branco prova o pressuposto científico. O exercício para viver, de modo que, quase octogenária, com o corpo belo apreciado de biquíni, teve o seu caminho das pedras pelas decisões tomadas no percurso todo do transitório para a finitude, porém, de olho na rosa, sua formosura e seu perfume. São o cérebro e as emoções postas para trabalharem para si.

Sexo, desejo, coragem, autonomia remam o barco da vida; não se autodevora e sim rompe o que a interdita.

29

A CORAGEM DE EXERCER A CONSCIÊNCIA AUTÔNOMA

A mulher atual não tem idade, e sim sua aparência. Alcântara, *idem* (p. 148):

> "No início do século XIX, em *A mulher de trinta anos*, seu autor, o escritor francês Honoré de Balzac (1799-1850), construiu uma imagem feminina livre do estigma." O livro *A mulher de trinta anos* foi um clássico "da literatura mundial, além de romance aborda a realidade das mulheres infelizes no casamento e que o mantêm em nome dos filhos" [...].

Alcântara, *idem* (p. 148-150): **Além das Balzaquianas**

A Figura 33 (p. 150): que será apresentada neste livro, mais adiante, como a Figura 2, com a psicóloga Cristina Alcântara aos 51 anos, nua de gravata e saltos no divã.

Idem, (p. 149); conceitua;

"Gravata, saltos altos, na fotografia são como livros simbólicos. Cada um deles tem uma história. A nudez, outro exemplo. A idade madura, capítulo novo da própria vida." E tendo em vista que o divã simboliza onde cada um se apresenta para si mesmo e, depois de autoavaliado, escolhe entre opções remanescentes e as que podem ser criadas, revelando-se em novas performances de como se expressar ao mundo.

O acervo fotográfico; com a psicóloga Cristina Alcântara, nua aos 51 anos e sua fotografia atual, na véspera de fazer 65 anos, (Figuras 2 e 3 que serão apresentadas mais adiante), são a medida do relógio, que não corrobora a idade biológica, quando associa faixa etária a jovem, meia-idade e terceira idade. Ao jovem, uma conduta sem o tabu que a atravanca, no dia do aniversário em que acorda com meia-idade, ela é dificultada. Depois chegará o dia em que vai acordar velho; e a terra nova a que se chega, a conduta é de velho. Torna-se, portanto, o ser fragmentário, analisado no divã.

Apenas quem é invisível não causa impacto.

Figura 2 — A psicóloga Cristina Alcântara aos 51 anos. Foto de Andréa Alcântara)

A Figura 3, "jovem aos 65" a seguir, 14 anos depois, nua sem saltos nem gravata, empurra a penumbra à medida do tempo e põe no holofote a idade biológica.

Quando a vida autoriza a furar o sinal vermelho para se proteger.

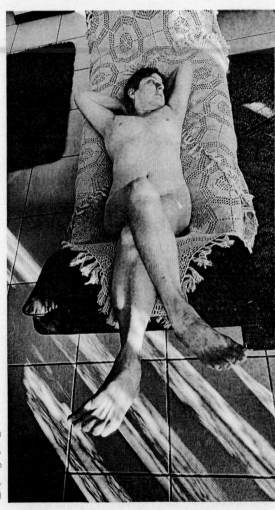

Figura 3 — Psicóloga Cristina Alcântara, "jovem aos 65". (Foto de Andréa Alcântara, 25/8/2023)

É a mulher, antes referida como balzaquiana, que concede a si mesma vida nova.

É essência, a característica peculiar, da autonomia, é a da tomada de decisão de acordo com sua consciência, e não a consciência do outro. Leva em consideração o que é mais relevante num momento específico, oportuno. Não se confunde com, quando ninguém vir, jogar lixo na rua, papel no chão, sair pelado na rua, fazer-se um armador de barraca, o velho e a velha indecentes. O seu ponto de vista não tem que ser imposto, mas sim a ocasião que é a melhor decisão tomada, de acordo com o desempenho do seu cérebro e alcance de sua consciência. Jean Piaget (1896-1980), biólogo, psicólogo e epistemólogo, desenvolveu a teoria do desenvolvimento psicológico, que integra o conceito de Heteronomia Moral (Realismo Moral): dos 4/5 anos até os 8/9 anos. Nessa fase a criança sabe que as regras provêm de uma identidade superior (adultos, policiais, deus...) e as imaginam absolutas, ortodoxas, imutáveis. André Luís Michels Alcântara, em seu blog (sprojetct.blogspot.com), nosso filho, aborda quando a obediência às regras, no adulto, é quebrada em sua consciência autônoma:

— O semáforo existe para sincronizar o trânsito de automóveis;

— O semáforo existe para sincronizar o trânsito e prevenir que acidentes ocorram;

— Eu respeito o semáforo para organizar o trânsito e permanecer em segurança.

Porém, é de madrugada, portanto:

— O semáforo existe para sincronizar o trânsito de automóveis, mas não há trânsito para sincronizar agora de madrugada;

— O semáforo existe para prevenir que acidentes ocorram, mas não há outros veículos na pista para provocar acidentes;

— Eu não preciso respeitar o semáforo neste momento [...].

O que é mais relevante, a emergência médica, sem perigo de acidente no trânsito, mas o sinal está fechado, o preceito da religião que condena quando se tira a própria vida, mas pelo cálice que bebe crucificado na cruz Cristo muda a regra e põe fim a si mesmo. A arte que não se aprisiona às regras produz a pintura nua. A mulher posa nua para ser fotografada. Na empreita diária da filha Andréa Michels Alcântara (Instagram: @andreaalcantarapsi), no protagonismo do seu trabalho, entre muitos textos sucintos, escolhemos alguns que corroboram o conteúdo desta abordagem.

1 – A opinião dos outros não te define.

2 – Você faz escolhas, e suas escolhas fazem você.

3 – Não se acostume com o que não te faz feliz.

4 – Desacelere (por dentro, principalmente). Quando você desacelerar por dentro, você sente. Quando sentir, não fuja... o sentir vai te convidar a refletir. Ao refletir, você é convidado a fazer escolhas. As escolhas que buscar pela solução, te curam. A cura te fortalece.

5 – Retirar-se das suas máscaras e padrões automáticos.

Poucas palavras definem como pôr a nós mesmos para trabalhar para nós mesmos. Nesta obra, nas Figuras 2 e 3, com 51 e 65 anos, da psicóloga Cristina, esposa e mãe de dois filhos, as fotografias não corroboram a idade medida pelo relógio, mas a biológica. Assim como a estética física, a produção de ideias nos distingue.

30

Conclusões finais

Morrer é a onipotência que pode tudo mais do que nós. Viver é o exercício feito para morrer. "Como viver" é a escolha do exercício. Para melhor elucidar, criamos uma fábula de três árvores. A primeira é a genealógica — o filho que sofreu ameaça do pecado original. A segunda e a terceira são a árvore das ideias (o livro) e a árvore do amor, ambas ameaçadas pelo vírus do cavalo de Troia, fonte que embaraça, interdita o amor natural.

A árvore das ideias nos conduz ao exercício de como viver. A entender o próprio fim de si mesmo; e esse seria o último exercício feito para morrer.

Idem Keleman (p. 11):

> Uma velha história relata que um amigo perguntou a Platão, no leito de morte, como resumiria o grande trabalho de sua vida, Os Diálogos, numa só frase. Platão, voltando de suas visões, olhou para seu amigo e disse: "Exercício para morrer".

Idem (p. 105):

> No passado, os esquimós viviam em um ambiente controlado, em que seu suprimento de comida era estritamente limitado. Numa certa idade, todos saíam na neve para congelar.

A eutanásia, entendida como um tratamento do cálice que se bebe numa visão cristã. O filho fora do colo do Pai põe a vida nas próprias mãos, como os esquimós que saíam para morrer. A morte é a ditadora que mata a nossa liberdade e nos entregamos ao ditador.

Um pai, conjunção do casal, seria a nossa fonte. A projeção de que há um pai que nos recebe depois da morte denota que da fonte se sai e à fonte se vai. Enquanto não se vai, respire fundo: que o coração bata muito forte se preciso for, mas siga para viver. Nunca pare de remar.

Insensato é não viver em nome da paz, se o coração desassossega: sem paz.

"Descanse em paz", não vamos ouvir, mas vão nos dizer.

Remar é o exercício para viver, parar, o agouro do naufrágio do barco à deriva.

Abandona-se a si mesmo sem ao menos pensar de que foi amansado. O resgate de si mesmo é o tesouro descoberto se ainda vivo.

A imaculada, a moralidade sem mancha, no amor natural não sabe o que acontece com seu corpo, fonte das emoções, durante o orgasmo. Na revolução das escolhas, contamos com a consciência autônoma para tomar as nossas decisões, pela emergência que salva a si mesmo ou o momento oportuno de fertilizar a árvore do amor, que seja o orgasmo: pois amor é amor.

Referências

ABDO, Carmita. *Sexo no cotidiano*: atração, sedução, encontro, intimidade. São Paulo: Editora Contexto, 2022.

ALCÂNTARA, Mamede de. *Renascer*: um processo de amor. São Paulo: Editora Gente, 1993.

ALCÂNTARA, Mamede de. *Terapia pela roupa*. São Paulo: Mandarim-Siciliano, 1996.

ALCÂNTARA, Mamede de. *Pontuando a mente a cada instante*. São Paulo: Caminho das Ideias e Navegar Editora, 2006.

ALCÂNTARA, Mamede de. *A crise depois da formatura*. São Paulo: Giz Editorial, 2009.

ALCÂNTARA, Mamede de. *A missão da roupa*: da moda ao discurso nas performances. São Paulo: Porto de Ideias, 2010.

ALCÂNTARA, Mamede de. *Outra forma de amor*: "Cachorro Gato", membros da família multiespécie. São Paulo: Labrador, 2023.

BAKER, Robin. *Guerra de esperma*. Rio de Janeiro: Record, 1997.

CÍCERO, Marco Túlio (103-43 a.C.). *Saber envelhecer seguido de amizade*. São Paulo: Coleção L&PM Pocket, vol. 63, 1997.

FISCHER, Helen E. *Anatomia do amor*: a história natural da monogamia, do adultério e do divórcio. Tradução de Magda Lopes e Maria Carbajal. Rio de Janeiro: Eureka, 1995.

FLAVELL, John H. *A Psicologia do Desenvolvimento de Jean Piaget*. São Paulo: Pioneira, 2001.

NIETZSCHE, Friedrich. *A gaia ciência*. São Paulo: Martin Claret, 2006.

KAPLEAU, Philip. *A roda da vida e da morte*. São Paulo: Círculo do Livro, 1989.

KELEMAN, Stanley. *Viver o seu morrer*. Tradução de Maya Hantower. São Paulo: Summus, 1977.

LOWER, Alexander. *O corpo traído*. São Paulo: Summus, 1979.

RATEY, John J. *O cérebro*: um guia para o usuário. Como aumentar a saúde, agilidade e longevidade de nossos cérebros através das mais recentes descobertas científicas. Rio de Janeiro: Editora Objetiva, 2002.

REICH, Wilhelm. *A função do orgasmo*. 15. ed. São Paulo: Editora Brasiliense, 1975.

ROGERS, Carl R. *Tornar-se pessoa*. São Paulo: Editora WMF Martins Fontes, 2009.

SAINT-EXUPÉRY, Antoine de. *O pequeno príncipe*. 19. ed. Rio de Janeiro: Livraria Agir Editora, 1977.

SOARES, Flávia Maria de Paula. *Envelhescência*: o trabalho psíquico na velhice. Curitiba: Editora Appris, 2020.

STEVENS, John O. *Tornar-se presente*: experimentos de crescimento em gestalt-terapia. 2. ed. São Paulo: Summus, 1977.

WEIR, Stepen. *As piores decisões da história*: e as pessoas que as tomaram. Rio de Janeiro: Sextante, 2014.